TO-DO LIST

TO-DO LIST

TO-DO LIST

TO-DO LIST

TO-DO LIST

TO-DO LIST

TO-DO LIST

TO-DO LIST

TO-DO LIST

TO-DO LIST

TO-DO LIST

TO-DO LIST

TO-DO LIST

TO-DO LIST

TO-DO LIST

TO-DO LIST

TO-DO LIST

TO-DO LIST

TO-DO LIST

TO-DO LIST

TO-DO LIST

TO-DO LIST

TO-DO LIST

TO-DO LIST

TO-DO LIST

TO-DO LIST

TO-DO LIST

TO-DO LIST

TO-DO LIST

TO-DO LIST

TO-DO LIST

TO-DO LIST

TO-DO LIST

TO-DO LIST

TO-DO LIST

TO-DO LIST

TO-DO LIST

TO-DO LIST

TO-DO LIST

TO-DO LIST

TO-DO LIST

TO-DO LIST

TO-DO LIST

TO-DO LIST

TO-DO LIST

TO-DO LIST

TO-DO LIST

TO-DO LIST

TO-DO LIST

TO-DO LIST

TO-DO LIST

TO-DO LIST

TO-DO LIST

TO-DO LIST

TO-DO LIST

TO-DO LIST

TO-DO LIST

TO-DO LIST

TO-DO LIST

TO-DO LIST

TO-DO LIST

TO-DO LIST

TO-DO LIST

TO-DO LIST

TO-DO LIST

TO-DO LIST

TO-DO LIST

TO-DO LIST

TO-DO LIST

TO-DO LIST

TO-DO LIST

TO-DO LIST

TO-DO LIST

TO-DO LIST

TO-DO LIST

TO-DO LIST

TO-DO LIST

TO-DO LIST

TO-DO LIST

TO-DO LIST

TO-DO LIST

TO-DO LIST

TO-DO LIST

TO-DO LIST

TO-DO LIST

TO-DO LIST

TO-DO LIST

TO-DO LIST

TO-DO LIST

TO-DO LIST

TO-DO LIST

TO-DO LIST

TO-DO LIST

TO-DO LIST

TO-DO LIST

TO-DO LIST

TO-DO LIST

TO-DO LIST

TO-DO LIST

TO-DO LIST

TO-DO LIST

TO-DO LIST

TO-DO LIST

TO-DO LIST

TO-DO LIST

TO-DO LIST

TO-DO LIST

TO-DO LIST

TO-DO LIST

TO-DO LIST

TO-DO LIST

TO-DO LIST

TO-DO LIST

TO-DO LIST

TO-DO LIST

TO-DO LIST

TO-DO LIST

TO-DO LIST

TO-DO LIST

TO-DO LIST

www.ingramcontent.com/pod-product-compliance
Lightning Source LLC
Chambersburg PA
CBHW060854220526
45466CB00003B/1364